BEI GRIN MACHT SICH IHR WISSEN BEZAHLT

- Wir veröffentlichen Ihre Hausarbeit, Bachelor- und Masterarbeit

- Ihr eigenes eBook und Buch - weltweit in allen wichtigen Shops

- Verdienen Sie an jedem Verkauf

Jetzt bei www.GRIN.com hochladen und kostenlos publizieren

Bibliografische Information der Deutschen Nationalbibliothek:

Die Deutsche Bibliothek verzeichnet diese Publikation in der Deutschen National-
bibliografie; detaillierte bibliografische Daten sind im Internet über http://dnb.d-
nb.de/ abrufbar.

Impressum:

Copyright © 2017 GRIN Verlag, Open Publishing GmbH
Druck und Bindung: Books on Demand GmbH, Norderstedt Germany
ISBN: 9783668531413

Dieses Buch bei GRIN:

http://www.grin.com/de/e-book/376262/nachweis-von-aflatoxinen-mittels-eines-
fluoreszenz-polarisations-immunoassays

Alexandra Steinbach

Nachweis von Aflatoxinen mittels eines Fluoreszenz-Polarisations-Immunoassays

GRIN Verlag

Nachweis von Aflatoxinen mittels eines Fluoreszenz-Polarisations-Immunoassay

Sommerssemester 2017

Alexandra Steinbach

Inhaltsverzeichnis

I. Abkürzungsverzeichnis

A-AFLA	Antikörper gegen Aflatoxin
F-AFLA	Fluoresceinmarkiertes Aflatoxin
FP470	Fluoreszenz-Spektrometer
FPIA	Fluoreszenz-Polarisations-Immunoassay
LHW03	Liquid Handling Workstation
RP	Reaktionspuffer
VE-Wasser	Vollentsalztes Wasser

II. Abbildungsverzeichnis

III. Tabellenverzeichnis

1 Einleitung

Ungesunde Ernährung kann zu einer erhöhten Anfälligkeit von Krankheiten führen oder auch zu körperlichen und geistigen Entwicklungsstörungen. Deshalb ist die Qualität von Lebensmitteln ein wichtiger Faktor für die menschliche Gesundheit. Schon bei der Primärprodukton beginnt die Produktion eines qualitativ hochwertigen und sicheren Lebensmittels. Entlang der Wertschöpfungskette (Wachstum, Verarbeitung, Lagerung und Transport) entwickeln sich je nach Temperatur, Feuchtigkeit und Gasgehalt der Luft Schimmelpilze und Toxine. Da vor allem Getreide häufig mit den gesundheitsgefährdenden Mykotoxinen belastet sein kann, sind Sicherheitskontrollen hier sehr wichtig. Es gibt heute mehrere Nachweisverfahren für den Nachweis von Mykotoxinen z.B. die Gaschromatographie, die Dünnschichtchromatographie und die Hochleistungsflüssigkeitschromatographie. Ein Nachteil dieser Verfahren ist, dass sie sehr zeit- und kostenintensiv sind. Eine weitere Möglichkeit ist der Nachweis von Mykotoxinen mittels Fluoreszenzpolarisation. Die aokin AG hat sich auf den Nachweis von Mykotoxinen mittels Fluoreszenzpolarisation spezialisiert. Mykotoxine können damit innerhalb von wenigen Minuten quantitativ bestimmt werden. Bei der von der aokin AG angewendetetn Methode handelt es sich um Fluoreszenz Polarisations-Immunoassay(FPIA). Beim FPIA konkurriert das Antigen in der Probe mit einem fluoreszenzmarkierten Antigen um die Bindungsstelle eines spezifischen Antikörpers. Die bei der Reaktion verbrauchte Antikörpermenge wird photometrisch bestimmt und erlaubt somit Rückschlüsse auf die Konzentration des Antigens in der Probe [4].

2 Zielstellung

Es sollen zwei verschiedene Referenzmaterialien, für die Bestimmung von Aflatoxin B1, hergestellt und gemessen werden. Es sollen Aussagen darüber getroffen werden, ob die Messgenauigkeit stimmt oder ob an die Probenvorbereitung etwas verbessert werden muss.

3 Aflatoxine

Aflatoxine gehören zu den stärksten in der Natur vorkommenden Toxinen. Unter optimalen Bedingungen wird der Pilz als sekundäres Stoffwechselprodukt in das Substrat ausgeschiedenen auf dem er wächst. Aflatoxine bilden sich bei ausreichender Feuchtigkeit und in einem Temperaturbereich von 22 – 35 °C. Deshalb sind besonders die Produkte betroffen, die in tropischen Regionen wachsen. Betroffen sind z.B. Pistazien, Getreide, Erdnüsse und Gewürze aus diesen Regionen [5].

ES gibt verschiedene Aflatoxine. Die wichtigsten sind die als B_1, B_2, G_1, G_2, M_1 und M_2 bezeichneten Verbindungen. Das häufigste vorkommende und das giftigste ist das Aflatoxin B_1. Die Strukturformel vom Aflatoxin B1 ist in Abb. 1 dargestellt.

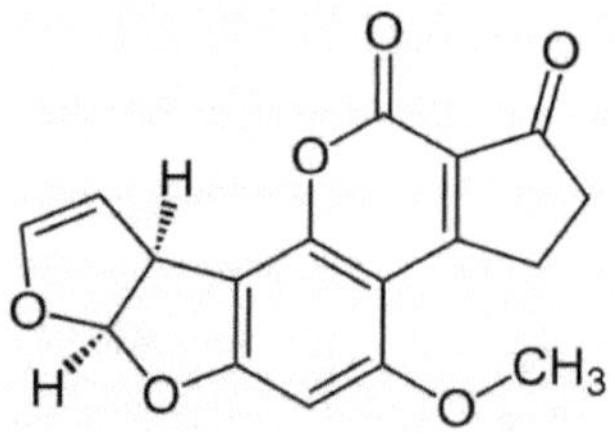

Abbildung 1: Strukturformel vom Aflatoxin B1 [3]

Aflatoxin B1 ist deswegen so gefährlich, da die Stoffwechselprodukte besonders die Leber angreifen und zu schweren Leberschäden und Leberkrebs führen können. Die Europäische Union hat deswegen entrpechende Maßnahmen ergriffen. In der Verordnung (EG) Nr. 1881/2006 sind Höchstwerte für die Aflatoxine festgelegt. Werden die Höchstwerte überschritten, dürfen die entsprechenden Produkte nicht in den Verkehr gebracht werden [1].

4 Material

4.1 Materialien und Geräte

Gerät/Material	Hersteller
Analysenwaage AT261	Mettler Toledo
Eppendorf Reference Pipette (500 - 2500 µL	Eppendorf
Eppendorf Research Pipette (100 - 1000 µL)	Eppendorf
Eppendorf Research Pipette (0,5 - 10 µL)	Eppendorf
Eppendorf Research Pipette (10 - 100 µL)	Eppendorf
Eppendorf Research Pipette (20 - 200 µL)	Eppendorf
Filterpapier (Ø 185 mm)	Macherey - Nagel
Fluoreszenz-Spektrometer 470	Aokin AG
Glasküvette	Aokin AG
Heizplatte	Heidolph
Liquid Handling Workstation LHW03	Aokin AG
Magnetrührer	Aokin AG
Pulvertrichter	VWR - International
Reaktionsgefäß (2 mL)	Eppendorf
Röhrchen (50 mL, 15 mL)	Greiner
Tisch Waage EW 3000	Kern
Vortexer REAX 2000	Heidolph

4.2 Chemikalien

Chemikalie/Lösung	Bezugsquelle
Antikörper gegen Aflatoxin (A-AFLA) Lot 015100241012003	Aokin AG
Aflatocin-Stammlösung ($c=2{,}5 * \frac{10^{-6} mol}{L}$)	Aokin AG
Fluorescein (c = 4*10^-8 M)	Aokin AG
Fluorescein (c = 4,64*10^-7 M)	Aokin AG
Fluorescein (c = 5*10^-8 M)	Aokin AG
fluoresceinmarkiertes Aflatoxin (F-AFLA) Lot 015100130512004	Aokin AG
Maisprobe Nr. 193	Aokin AG
Methanol Grade A	Aokin AG
pH-neutraler Reaktionspuffer	Aokin AG
Vollentsalztes Wasser (VE-Wasser)	EMP
Weizenprobe Nr. 362	Aokin AG

5 Methoden

5.1 Pipettenüberprüfung

Bei der Pipettenüberprüfung wurde gemäß DIN EN ISO 8655 gearbeitet. Zunächst wurden die Pipetten und die Prüfflüssigkeit (VE-Wasser) für 2 h in den Prüfraum gestellt um sicherzustellen, dass die Pipetten und die Prüfflüssigkeit während der Messung dieselbe Temperatur besitzen. Nach den 2 h wurde die Temperatur der Prüfflüssigkeit gemessen und der Korrekturfaktor Z nach DIN EN ISO 8655 für destilliertes Wasser ermittelt. Der Korrekturfaktor wird zur Umrechnung des Messwertes in den Volumenwert benötigt. Danach wurde ein 50 mL Becherglas auf die Analysenwaage gestellt und die Waage tariert.

5.1.1 Pipettenüberprüfung der Eppendorf Reference 3291751 (500 – 2500 µL)

Bei der Eppendorf Reference 3291751 (500 µL – 2500 µL) wurde zuerst das Volumen auf 500 µL eingestellt. Die Pipettenspitze wurde aufgesteckt und anschließend wenige Millimeter in die Prüfflüssigkeit getaucht. Das zu überprüfende Volumen wurde langsam und gleichmäßig aufgenommen und anschließend an der Gefäßwand abstreifend, aus der Flüssigkeit gezogen. Die Prüfflüssigkeit wurde bis zum ersten Messhub, in das leere Becherglas abgegeben und danach bis zum Überhub durchgedrückt um die Restflüssigkeit abzugeben. Der Wiegewert wurde notiert und der Vorgang anschließend 9 wiederholt. Mit den gemessenen Werten wurden anschließend der Mittelwert, die Standardabweichung und der Variationskoeffzient ermittelt. Der gesamte Vorgang wurde mit 1500 µL und 2500 µL wiederholt.

5.1.2 Pipettenüberprüfung der Eppendorf Research 3253831 (0,5 -10 µL)

Bei der Eppendorf Research 3253831 (0,5-10 µL) wurde zunächst das Volumen auf 10 µL eingestellt und wie bei der Eppendorf Reference 3291751 auf der Analysenwaage 10 mal die Masse bestimmt um danach den Mittelwert, die Standardabweichung und den Variationskoeffzient zu ermitteln. Die Volumina 1 µL und 5 µL wurden mit dem Fluoreszenz-Polarisations-Spektrometer FP470 bestimmt. Dafür wurden in einer Glasküvette 2500 µL RP vorgelegt und in den Probenhalter des Spektrometers gestellt. Die aokin*mycontrol* Software wurde gestartet und der Menüpunkt *„Calibration measurement"* geöffnet. Nach dem Start der Messungen wurden zehnmal nacheinander je 1 µL Fluorescein ($c = 4{,}64 * 10^{-7}$ M) in die Küvette pipettiert. Danach wurde die Messung beendet und für jede Messung die Intensität in Volt aus der Software abgelesen. Der gesamt Vorgang wurde mit 5 µL Fluorescein ($c = 5 * 10^{-8}$ M) wiederholt.

Im letzten Schritt wird lineare Abhängigkeit der Fluoreszenzintensität zu dem pipettierenden Volumen ermittelt. Dazu wurde in einer Glasküvette 2500 µL RP vorgelegt und in das Spektrometer gestellt. Die aokin*mycontrol* Software wurde gestartet und unter dem Menüpunkt *„Calibration measurement"* die Messung gestartet. Nacheinander wurden in den Injektionsstutzen 1 µL, 5 µL und 10 µL Fluoresceinlösung ($c = 4 * 10^{-8}$ M) hinein pipettiert. Nachdem die Messung gestoppt wurde, wurde jeweils die Intensität in

Volt aus der Software abgelesen. Der gesamte Vorgang wurde fünfmal wiederholt.

5.2 Überprüfung der Pipettiergenauigkeit der Liquid Handling Workstation

Die LHW03 ist ein von aokin entwickelter Pipettierautomat, welche die Analyse mit dem FP470 automatisiert, sodass nur noch die Probenvorbereitung, die Bedienung der Software und das Bestücken der Palette (siehe Abb. 2) auf der LHW03 vom Anwender vorzunehmen ist. Die LHW03 kann die Pipettenspitze in drei Raumrichtungen bewegen und verfügt über zwei unterschiedliche Pumpen. Eine Schlauchpumpe und eine Kolbenpumpe. Die Schlauchpumpe wird für große Volumen benötigt (z.B. für die Zugabe des Reaktionspuffers in die Küvette) und einer Kolbenpumpe für kleine Volumina (z.B. Entnahme und Abgabe der Reagenz 1 und 2). Beim Schlauchpumpentest wird überprüft ob das angesaugte und abgegebene Volumen je 1000 µL beträgt. Bei der Kolbenpumpe wird überprüft ob 100 µL entnommen und 200 µL wieder abgegeben werden (wichtig für Reagenz 1, Reagenz 2 und der Probe) und ob 350 µL entnommen und 400 µL wieder abgeben werden (wichtig wenn Additive zugegeben werden müssen). Die Pipettiergenauigkeit muss regelmäßig überprüft werden um genaue Analysenergebnisse zu gewährleisten.

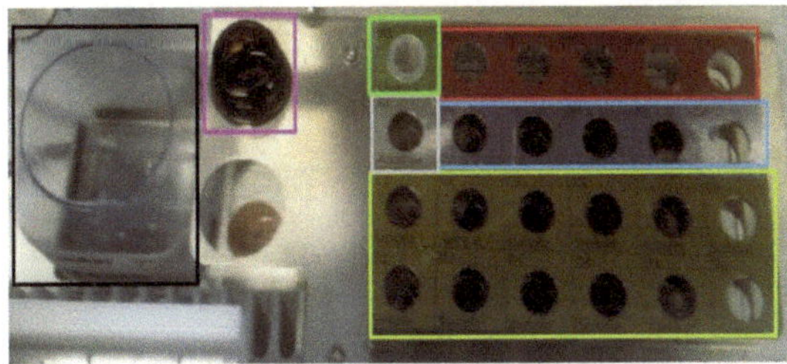

Abbildung 2: Draufsicht auf die Palette der LHW. Die Palette bietet Platz für 12 Probengefäße, je 5 Plätze für Reagenz 1 (F-X) und Reagenz 2 (F-A), einen Platz für Additive und ein Clean3 Gefäß für Methanol

5.2.1 Test Schlauchpumpe

Für den Schlauchpumpentest wurden zunächst drei 2 mL Eppendorf Reaktionsgefäße mit jeweils 2000 µL VE- Wasser befüllt und mit 1a, 2a und 3a beschriftet. Das Gewicht der drei befüllten Eppendorfgefäße wurde mit der Analysenwaage bis auf 0,1 % genau bestimmt. Drei weitere leere Eppendorfgefäße wurden mit 1b, 2b und 3b beschriftet und ebenfalls deren Gewicht bestimmt.

In die Clean-3 Position wurde ein mit Methanol gefülltes 2 mL Eppendorfgefäß gestellt und danach unter dem Menüpunkt LHW03 das Experiment „Test Schlauchpumpe1000" geladen. Anschließend wurde das mit 1a beschriftete Eppendorfgefäß in die Position B1 und das mit 1b beschriftete Eppendorfgefäß in die Position C6 gestellt. Danach wurde das Experiment mit dem Button „Run Experiment" gestartet. Nach dem das Experiment beendet war, wurden die beiden Eppendorfgefäße geschlossen und zum Wiegen bereitgestellt. Das Experiment wurde mit den Eppendorfgefäßen 2a und 2b bzw. 3a und 3b wiederholt. Die Gewichte aller sechs Eppendorfgefäße wurden nach dem Experiment auf der Analysenwaage auf 0,1 % genau bestimmt und anschließend die Differenzen zwischen den Ausgangsgewichten bestimmt. Für die Auswertung wurden die Standardabweichung und der Variationskoeffizient bestimmt.

5.2.2 Test Kolbenpumpe

Beim Kolbenpumpentest wurde ein 2 mL Eppendorf Reaktionsgefäß mit 2000 µL VE-Wasser befüllt und mit 5a beschriftet und anschließend das Gewicht auf der Analysenwaage bestimmt. Ein weiteres leeres 2 mL Eppendorf Gefäß wurde mit 5b beschriftet und dessen Leergewicht bestimmt. Danach wurde ein 0,55 mL Mikroschraubröhrchen mit 4a beschriftet und mit 550 µL VE-Wasser befüllt sowie ein leeres Mikroschraubröhrchen mit 4b beschriftet. Die Gewichte der beiden Mikroschraubröhrchen wurden auf der Analysenwaage auf 0,1 % genau bestimmt.

In die Clean 3 Position wurde ein mit Methanol gefülltes 2 mL Eppendorf Reaktionsgefäß gestellt und danach unter dem Menüpunkt LHW03 das Experiment „Test Kolbenpumpe" geladen. Anschließend wurde das mit 5a beschriftete Gefäß in die Position B1, das mit 5b beschriftet in die Position C6 gestellt. Gefäß 4a wurde auf Position A6 und 4b auf Position B6 gestellt und anschließend wurde das Experiment gestartet. Am Ende des Experiments wurden alle Gefäße verschlossen und deren Gewicht bestimmt. Der gesamte Vorgang wird mit den wird mit den bereits gewogenen Gefäßen zweimal wiederholt. Die Differenzen zwischen den einzelnen Wägungen wurden berechnet und dokumentiert.

5.3 Erstellung einer Kalibrierung für Afla B1

Bevor die Kalibrierung erstellt werden kann, muss der Reaktionspuffer mittels Vakuumpumpe und Magentrüher entgast werden, da sonst vorhandene Gasblase die Messung beeinträchtigen könnten. Die benötigten Kalibrierlösungen sowie F-AFLA und A-AFLA müssen vor Gebrauch gut gemischt werden um eine optimale Verteilung der Substanzen zu gewährleisten. Die Kalibrierung wurde mit den Standards 0,83 nM, 1,67 nM, 3,34 nM und dem Nullwert (0 nM) erstellt.

5.4 Herstellung und Messung von Referenzmaterial

Für die Herstellung von Referenzmaterial werden verschiedene Ausgangstoffe benötigt. Es wurde eine unbelastete Getreideprobe (Weizen und Mais) und eine Aflatoxin B1 Spike Lösung benötigt. Die unbehandelten Proben wurden aus dem Lager der aokin AG genommen. Die Weizenprobe hatte die Nr. 362 und die Maisprobe hatte die Nr. 193. Die Afla B1 Spikelösung hat eine Konzentration von $c = 2,5 * 10^{-6} \frac{mol}{L}$. Beide Proben sollte am Ende eine Belastung von 5µg/kg erreichen.

Im Folgenden ist die Berechnung zum Spiken einer unbelasteten Getreideprobe (15 g) mit einer Sollkonzentration von 5 µg/kg dargestellt:

Beispielrechnung

$$\frac{5\ \mu g}{1\ kg} = \frac{x_1}{0,015\ kg} \rightarrow x_1 = 0,075\ \mu g$$

$$\frac{312,3\ g}{1\ mol} = \frac{0,075\ \mu g}{x_2} \rightarrow x_2 = 2,4 * 10^{-4} \mu mol = 2,4 * 10^{-10} mol$$

$$\frac{2,5 * 10^{-6}\ mol}{1\ l} = \frac{2,4 * 10^{-10} mol}{x_3} \rightarrow x_3 = 0,96 * 10^{-4}\ l = 96\ \mu l$$

Es werden 96 µL der Spikelösung benötigt um eine Belastung von 5 µg/kg in 15 g der Getreideproben zu erreichen.

Es wurden je 15 g Probe in den Extraktionsbecher abgewogen und 96 µL der Spikelösung, 1,5 g aokin IC-Salt Afla und 20 g aokin mycontrol Afla Extraktionslösung dazugegeben. Danach wird der Becher mit dem Mixwerk verschlossen und die Extraktion mit der aokin watchbox (programmierte Zeitschaltuhr) gestartet. Es wurde insgesamt 3,5 min lang gemixt. Um ein Aufheizen zu verhindern, wechseln sich Mixzeiten und Ruhezeiten ab. Durch das Mixen wird gewährleistet, dass sich die Mykotoxine und andere Bestandteile aus der Probe herauslösen. Nach dem Mixen werden 5 mL IC-Dilute 10x und 45 mL Leitungswasser zu zugegeben. Anschließend wird der Extrakt filtriert. Vom Filtrat werden 500 µL entnommen und auf die aokin Quickclean Afla Säule gegeben und anschließend 3 min lang bei 5000 g zentrifugiert. Anschließend wurde die Probe gemessen. Dies wurde 7 mal pro Tag an drei aufeinderanderfolgenden Tagen durchgeführt.

6 Ergebnisse und Diskussion

6.1 Pipettenüberprüfung der Eppendorf Reference 3291751 (500 – 2500 µL)

Die Wiegeergebnisse der Pipettenüberprüfung der Eppendorf Reference 3291751 sind in Tab. 2 dargestellt:

Tabelle 1: Wiegeergebnisse der Eppendorf Reference 3291751

Vsoll in µL	500	1500	2500
$m_{ist\,1}$ in mg	497,8	1494,4	2501,0
$m_{ist\,2}$ in mg	497,1	1495,5	2511,0
$m_{ist\,3}$ in mg	497,8	1497,4	2507,6
$m_{ist\,4}$ in mg	498,0	1496,8	2504,1
$m_{ist\,5}$ in mg	497,5	1502,4	2507,0
$m_{ist\,6}$ in mg	498,1	1499,7	2502,0
$m_{ist\,7}$ in mg	497,9	1501,9	2507,1
$m_{ist\,8}$ in mg	497,9	1495,9	2507,5
$m_{ist\,9}$ in mg	496,9	1499,9	2506,9
$m_{ist\,10}$ in mg	497,3	1502,3	2510,7

Nach dem Wiegen wurden die Mittelwerte, die Standardabweichungen und die Variationskoeffizienten mit Hilfe von Excel 2013 berechnet. Die Berechnungsformeln wurden aus der Standardanweisung für Pipetten von Eppendorf entnommen. Die Temperatur betrug während der Messung 22°C. Der dazugehörige Korrekturfaktor Z wurde aus der DIN EN ISO 8655 ermittelt. Der Korrekturfaktor bei 22°C für destilliertes Wasser bei 101,3 kPA beträgt 1,0033 µL/mg. Die Ergebnisse der Berechnungen sind in Tab. 3 dargestellt.

Tabelle 2: Auswertung der Pipettenüberprüfung der Eppendorf Reference 3291751

Sollvolumen in µL	500	1500	2500
Mittelwert in mg	497,6	1498,6	2506,5
Mittelwert mit dem Faktor z verrechnet in µL	499,3	1503,6	2514,8
systematische Messwertabweichung (Unrichtigkeit) in µL	-0,73	3,57	14,76
systematische Messabweichung (Unrichtigkeit) in %	0,15	0,24	0,59
Standardabweichung	0,39	2,85	3,12
Variationskoeffizient	0,08	0,19	0,12

6.2   Pipettenüberprüfung der Eppendorf Research 3253831 (0,5 -10 µL)

Die Wiegeergebnisse der Volumenüberprüfung bei 10 µL von der Eppendorf Research 3253831 sind in folgender Tab. 4 dargestellt:

Tabelle 3: Wiegeergebnis der Eppendorf Research 3253831

V_{soll} in µL	10
$m_{ist\,1}$ in mg	10,00
$m_{ist\,2}$ in mg	10,00
$m_{ist\,3}$ in mg	10,00
$m_{ist\,4}$ in mg	10,00
$m_{ist\,5}$ in mg	10,00
$m_{ist\,6}$ in mg	9,90
$m_{ist\,7}$ in mg	10,00
$m_{ist\,8}$ in mg	10,00
$m_{ist\,9}$ in mg	10,00
$m_{ist\,10}$ in mg	10,00

Nach dem Wiegen wurden der Mittelwert, die Standardabweichung und der Variationskoeffizient mit Hilfe von Excel 2013 berechnet. Die Raumtemperatur während der Messung betrug 19,5 °C. Der ermittelte Korrekturfaktor Z ist 1,0028 µL/mg (destilliertes Wasser bei 101,3 kPA).

Tabelle 4: Auswertung der Pipettenüberprüfung der Eppendorf Research 3253831

Sollvolumen in µL	10
Mittelwert in mg	10,00
Mittelwert in µL	10,02
systematische Messwertabweichung (Unrichtigkeit) in µL	0,02
systematische Messabweichung in %	0,18
Standardabweichung	0,03
Variationskoeffizient in %	0,30

Für die Eppendorf Research bei einem Prüfvolumen von 10 µL beträgt die maximale zulässige systematische Messwertabweichung 1 % und der maximale zulässiger Variationskoeffzient 0,40 %. Die ermittelte systematische Messerwertabweichung liegt bei 0,18 % und der Variationskoeffzient liegt bei 0,30 %. Beide Werte liegen innerhalb der Fehlergrenze.

Die Überprüfung der Volumen 1 µL und 5 µL wurde mit dem FP0047 durchgeführt. Die Messergebnisse sind in Tab. 6 dargestellt.

Tabelle 5: Volumenüberprüfung der Eppendorf Research bei 1 µL und 5 µL

Zugabe Fluorescein in µL	Intensität in V	Einzelzugabe an Fluorescein in V	Zugabe Fluorescein in µL	Intensität in V	Einzelzugabe an Fluorescein in V
0,0	0,70	0	0,0	0,86	0
1,0	1,43	0,73	5,0	1,03	0,17
2,0	2,18	0,75	10,0	1,20	0,17
3,0	2,89	0,71	15,0	1,37	0,17
4,0	3,56	0,67	20,0	1,53	0,16
5,0	4,31	0,75	25,0	1,71	0,18
6,0	5,03	0,72	30,0	1,89	0,18
7,0	5,76	0,73	35,0	2,06	0,17
8,0	6,46	0,70	40,0	2,24	0,18
9,0	7,15	0,69	45,0	2,41	0,17
10,0	7,83	0,68	50,0	2,57	0,16
Mittelwert		**0,71**	**Mittelwert**		**0,17**
Standardabweichung		**0,0279**	**Standardabweichung**		**0,00738**

Mit Hilfe der Standardabweichung kann man ermitteln wie stark die Streuung um den Mittelwert ist. Bei dem Prüfvolumen von 1 µL und 5 µL darf die Abweichung maximal 5 % betragen. Ermittelt wurden für das Prüfvolumen 1 µL eine Abweichung von 3,0 % und bei dem Prüfvolumen von 5 µL eine Abweichung von 4,3%. Als letztes wurde die lineare Abhängigkeit der Fluoreszenzintensität zu dem pipettierenden Volumen bestimmt. Die Messung wurde fünfmal wiederholt. Aus den Werten wurde jeweils der Mittelwert bestimmt und anschließend mit Hilfe von Excel die lineare Regression und der Korrelationsfaktor bestimmt. Die Messergebnisse sind in Tab. 7 dargestellt. Die Auswertung der linearen Abhängigkeit der Fluoreszenzintensität ist in Abb. 3 dargestellt.

Tabelle 6: Messung der linearen Abhängigkeit der Fluoreszenzintensität

Fluorescein -zugabe in µL	Intensität in V	Intensität in V	Intensität in V	Intensität in V	Intensität in V	Mittelwert
1	0,24	0,38	0,60	0,33	0,23	**0,36**
6	1,25	1,67	1,84	1,67	1,57	**1,60**
16	3,52	3,71	4,49	3,92	4,18	**3,96**

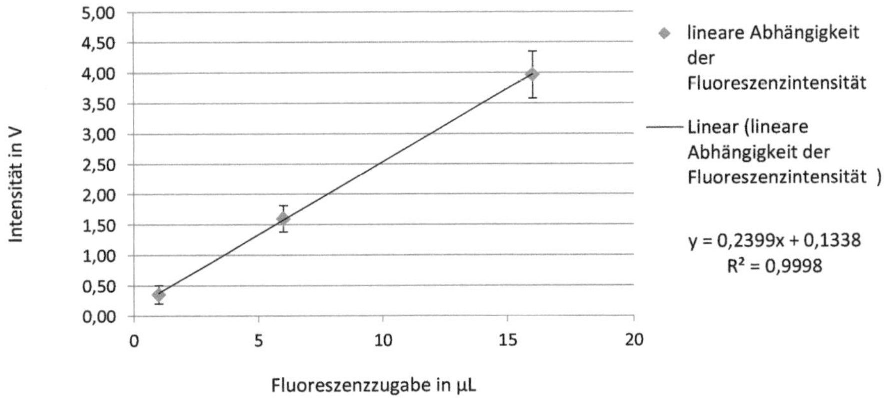

Abbildung 3:Lineare Abhängigkeit der Intensität von der Fluoreszenzzugabe

In Abb.3 ist zu erkennen, dass eine lineare Abhängigkeit zwischen der Fluoreszenzintensität und dem zu pipettierenden Volumen gibt, da der Korrelationsfaktor(R^2) bei 0,9998 liegt. Der Korrelationskoeffizient R^2 ist ein Maß für den linearen Zusammenhang zwischen zwei Merkmalen (hier Fluoreszenzintensität und Fluoreszenzugabe). Er kann Werte zwischen -1 und 1 annehmen. Wenn der Korrelationskoeffizient einen Wert von 0 annimmt, dann besteht kein linearer Zusammenhang. Liegt der Wert nahe 1 dann besteht ein linearer Zusammenhang. Bei der Pipettenüberprüfung wurde ein Korrelationskoeffizient von R^2 = 0,9998 ermittelt. Der Wert ist fast 1. Es besteht somit einen linearen Zusammenhang zwischen Fluoreszenzintensität und dem zu pipettierenden Volumen. Die Pipette funktioniert ordnungsgemäß.

6.3 Überprüfung der Pipettiergenauigkeit der Liquid Handling Workstation

Die Ergebnisse und die Auswertung für den Schlauchpumpentest sind in Tab. 8 dargestellt. Die Temperatur während der Messung betrug 23°C. Der ermittelte Korrekturfaktor Z ist 1,0035 µL/mg.

Tabelle 7: Wiegeergebnisse und Auswertung für den Schlauchpumpentest

Reaktionsgefäß-Nr.	1a	2a	3a	1b	2b	3b
Ausgangsgewichte in mg	3041,0	3041,9	3055,0	1009,5	1002,2	1018,7
Endgewicht in mg	2052,4	2040,8	2053,8	2002,0	2009,4	2018,5
Differenz zwischen Ausgangsgewicht und Endgewicht in mg	988,6	1001,1	1001,2	992,5	1007,2	999,8
Mittelwert in mg	997,0			999,8		
Mittelwert mit Faktor Z in µL	1000,7			1003,3		
Standardabweichung	7,52			7,38		
Variationskoeffizient in %	0,75			0,74		

Der maximale zulässige Variationskoeffizient liegt beim angesaugten und abgegebenen Volumen bei 0,8 %. Der ermittelte Variationskoeffizient beim angesaugten Volumen liegt bei 0,75 % und beim abgegebenen Volumen bei 0,74 %. Beide Werte liegen unterhalb von 0,8 % und bestätigen somit die Funktionstüchtigkeit der Schlauchpumpe.

Bei der Kolbenpumpe wurde überprüft ob 100 µL (4a) bzw. 350 µL (5a) angesaugt werden und ob 200 µL (4b) bzw. 400 µL (5b) anschließend wieder abgegeben werden. Die Temperatur betrug während der Messung 23°C (Korrekturfaktor Z = 1,0035 µL/mg). Die Ergebnisse der Überprüfung sind in Tabelle 9 dargestellt.

Tabelle 8: Messergebnisse und Auswertung für den Kolbenpumpentest

Reaktionsgefäß-Nr.	4a 1.Durchlauf	4a 2. Durchlauf	4a 3. Durchlauf	4b 1.Durchlauf	4b 2.Durchlauf	4b 3.Durchlauf
Ausgangsgewichte in mg	2246,5	2145,5	2044,5	1628,9	1825,0	2022,4
Endgewicht in mg	2145,5	2044,5	1943,8	1825,0	2022,4	2219,2
Differenz zwischen Ausgangsgewicht und Endgewicht in mg	101,0	101,0	100,7	196,1	197,4	196,8
Mittelwert in mg	100,9			196,8		
Mittelwert mit Faktor Z in µL	101,3			197,5		
Standardabweichung	0,17			0,65		
Variationskoeffizient in %	0,17			0,33		
Reaktionsgefäß-Nr.	**5a** 1.Durchlauf	**5a** 2. Durchlauf	**5a** 3. Durchlauf	**5b** 1.Durchlauf	**5b** 2.Durchlauf	**5b** 3.Durchlauf
Ausgangsgewichte in mg	3026,8	2671,5	2318,8	981,8	1378,4	1775,6
Endgewicht in mg	2671,5	2318,8	1967,7	1378,4	1775,6	2172,0
Differenz zwischen Ausgangsgewicht und Endgewicht	355,3	352,7	351,1	396,6	397,2	396,4
Mittelwert in mg	353,0			396,7		
Mittelwert mit Faktor Z in µL	354,3			398,1		
Standardabweichung	2,13			0,42		
Variationskoeffizient in %	0,60			0,10		

Bei der Kolbenpumpe liegt der maximale zulässige Variationskoeffizient ebenfalls bei 0,8 %. Bei allen überprüften Volumen lag der Variationskoeffizient unterhalb von 0,8 % und bestätigt somit die Funktionsfähigkeit der Kolbenpumpe

6.4 Erstellung einer Kalibrierung

Die Kalibrierung wurde mit den Standards 0,83 nM, 1,67 nM, 3,34 nM und 0 nM erstellt. Das Ergebnis der
Kalibrierung ist in Abb. 4 dargestellt. Die Darstellung links zeigt die Änderung der Polaristation über die Zeit
bei einer Konzentration von 1,67 nM. Die Darstellung rechts zeigt die Änderung der Konzentration in nM
über die Messzeit.

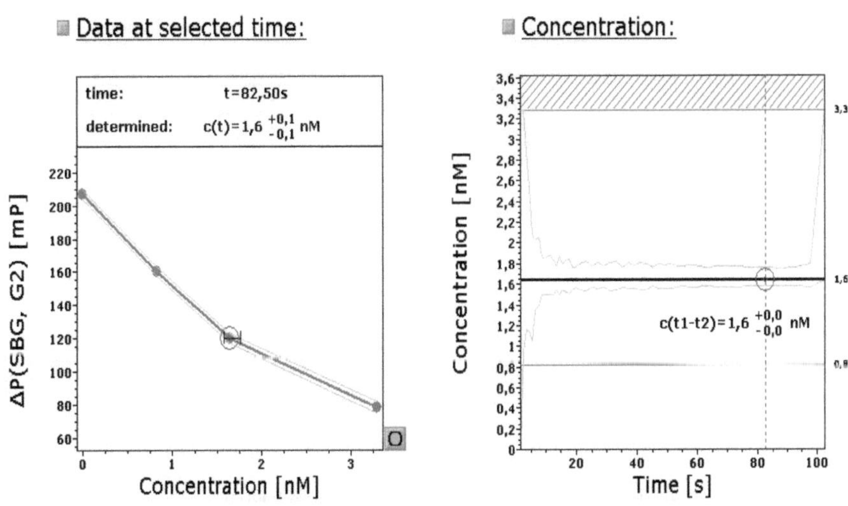

Abbildung 4: Kalibrierkurve für die Bestimmung der Koffeinkonzentration

Alle Messerwerte wurden nach der Messung in Kalibrierkurve hochgeladen und überprüft ob die Soll-
Konzentration gleich der angezeigten Konzentration in der Kalibrierkurve ist. Bei der Kalibrierung in Abb. 4
war das der Fall. Die Kalibrierung kann für die Analyse genutzt werden.

6.5 Bestimmung der Aflatoxinkonzentration

Nachdem die Messungen abgeschlossen waren, wurden alle Messungen einzeln in die Kalibrierkurve in der Software eingelesen und die Konzentration in µg/kg abgelesen. Aus den Messwerten wurde anschließend jeden Tag der Mittelwert, die Standardabweichung und der Variationskoeffizient bestimmt mit Hilfe von Excel bestimmt.

Tabelle 9: Messergebnisse der Aflatoxin B1Bestimmung in der Maisprobe

	Aflakonzentration in µg/kg (1.Tag)	Aflakonzentration in µg/kg (2.Tag)	Aflakonzentration in µg/kg (3.Tag)
1. Messung	4,65	5,10	4,65
2. Messung	5,12	5,19	5,24
3. Messung	4,89	4,76	4,98
4. Messung	4,74	4,85	5,11
5. Messung	5,16	4,98	5,01
6. Messung	5,27	5,03	4,87
7. Messung	5,09	4,74	4,79
Mittelwert	**4,99**	**4,95**	**4,95**
Standardabweichung	**0,23**	**0,17**	**0,20**
Variationskoeffizient in %	**4,65**	**3,48**	**4,01**

Tabelle 10: Messergebnisse der Aflatoxin B1 Bestimmung in der Weizenprobe

	Aflakonzentration in µg/kg (1.Tag)	Aflakonzentration in µg/kg (2.Tag)	Aflakonzentration in µg/kg (3.Tag)
1. Messung	6,12	5,98	6,12
2. Messung	5,89	6,33	6,32
3. Messung	5,42	6,24	4,89
4. Messung	5,63	5,36	6,12
5. Messung	6,28	6,28	6,25
6. Messung	6,33	5,69	5,89
7. Messung	5,12	6,53	5,77
Mittelwert	**5,83**	**6,06**	**5,91**
Standardabweichung	**0,46**	**0,41**	**0,49**
Variationskoeffizient in %	**7,84**	**6,76**	**8,27**

In der Tabelle 9 sind die Ergebnisse der Validierung der Maisprobe dargestellt. Die Wiederfindung an alle 3 Tagen ist gleich. Es wurden die 5µg/kg wiedergefunden, mit der die Maisprobe gespikt wurde. Die einzelnen Messwerte an den Tagen schwanken um ca. 4 %. Bei der Weizenprobe (Tab. 10) hingegen lag die Wiederfindung höher. Anstatt der gespikten 5 µg/kg wurden im Schnitt 6 µg/kg wiedergefunden. Auch Schwanke die einzelnen Messungen zwischen um die 7-8 %. Es ist nicht auszuschließen, dass bei der Probenvorbereitung etwas falsch gelaufen ist z.B. könnte zu viel von der gespikten Stammlösung in die

Probe dazugegeben worden sein. Um dies zu beurteilen, müsste man die Ergebnisse mit den Ergebnissen

der anderen Labore vergleichen. Diese lagen allerdings noch nicht vor. So dass eine endgültige Beurteilung

noch nicht möglich war. Falls die Ergebnisse von denen der anderen Labore abweichen, müsste man

eventuell die Probenvorbereitung optimieren. Da die gemessene Konzentrationen der Maisprobe denen der

Sollkonzentration entsprechen und bei der Weizenprobe nicht, könnte es auch ein Matrixproblem sein.

7 Literaturverzeichnis

[1] http://www.efsa.europa.eu/de/topics/topic/aflatoxins.htm aufgerufen am 30.05.2015

[2] http://www.stmelf.bayern.de/mam/cms01/berufsbildung/dateien/praesentation_wenzel2012.pdf
aufgerufen am 28.05.2015

[3] http://www.spektrum.de/news/schimmelpilzgift-in-futtermais-aflatoxine-giftig-und-
krebserregend/1185609 aufgerufen am 28.05.2015

[4] Hallbach, Jürgen: Klinische Chemie und Hämatologie für den Einstieg. 2., überarbeitete Auflage, 2006

[5] http://www.lci-koeln.de/deutsch/veroeffentlichungen/lci-focus/aflatoxine-ganz-natuerliche-gifte
aufgerufen am 27.05.2015